零起点美术技法入门系列

速写

民居建筑

武千嶂 编/绘

上海人民美术出版社

图书在版编目（CIP）数据

速写·民居建筑/武千嶂编绘，——上海：上海人民美
术出版社，2019.11
（零起点美术技法入门系列）
ISBN 978-7-5586-1477-4

Ⅰ.①速… Ⅱ.①武… Ⅲ.①建筑画—速写技法
Ⅳ.①TU204.111

中国版本图书馆CIP数据核字（2019）第246750号

零起点美术技法入门系列

速写·民居建筑

编　　绘：武千嶂
策　　划：沈丹青
责任编辑：沈丹青
技术编辑：季　卫
封面设计：王佳琪
出版发行：上海人民美术出版社
　　　　　上海市长乐路672弄33号
　　　　　邮编：200040　电话：021-54044520
网　　址：www.shrmms.com
印　　刷：上海印刷（集团）有限公司
开　　本：889×1194　1/16　4.5印张
版　　次：2020年1月第1版
印　　次：2020年1月第1次
印　　数：0001-3300
书　　号：ISBN 978-7-5586-1477-4
定　　价：42.00元

一、风景速写基础知识

1. 构图

速写首先要解决的是画面的构图问题。所谓构图，就是根据题材和审美要求，把要表现的形象适当地组织起来，构成一个协调的、完整的画面。它是表达作品思想内容并获得艺术感染力的重要手段。

一般把要画的东西安排在整张画纸的偏中间位置，但避免居中。构图中有一种叫"三七律"的法则，或者叫"九宫格"构图法，就是将主要形象安排在横向或竖向的三分之一、三分之二处。比如画一条小路或小河，一幢小楼或小塔，在画面上一定要有意识地偏离中心点，在对称中求不对称。这样的速写能产生静中有动的效果，当然，在主体偏离中心点就位后，要考虑相应的对应问题，如果没有很好的对应物来呼应，整个画面就会产生不稳定感。速写中往往可以按照构图完整性的要求搬移物体、挪动位置。不过应尽量在动笔前根据构图法则，选择好一个理想的位置，然后在实景中画速写，这样可以较好地练习线条、造型、透视等，因为主观的挪位构图方法对初学者来说有一定的难度。

2. 线条

速写中的线条，没有一个固定的规定模式，任何线条都可以表现。只需在表现物体对象时做到顺其自然，准确造型，切勿用一种教条束缚自己，要用心去指挥手中的笔，沉着落笔，淡定运笔，画出心中之物象。抖动的线，一般为初学者所画。初涉速写，切勿胆怯，要胆大心细，多看、多想、多试、多画。在慢慢地运笔时，多在线条的力量上做文章，当然这种力量不是说把笔捏得很紧、压得很重，而是要求在有意识地关注中做到笔笔到位，画到心中觉得完美即可。古人有句精彩的妙语叫作"积点成线"，也就是说线是由无数个点组成的，这种慢点的线，有着充裕的时间，可以很仔细地画出物体的很多具体的细节部分，关键是不可着急，需沉着应对，认真画好每一样东西。

初学者在抖动中逐渐达到眼手协调，进而上升为有意味地表现。而流畅的线条，看似随意表现，其内在是要求落笔不能浮于表层，而是要"力透纸背"，除了能用线条准确地画出物体造型外，还要对线条的本身有很深的理解。画这样的线条，首先是画者心中要有物，只有这样才能达到自由表现。但画者这种线条在画往往会进入误区，经常会只重线条的表现，而忽略物体的造型。快速的线条是浮在表面的，有线无物。画线条的最高境界是能将两种线条整合起来，收放自如，灵活运用。

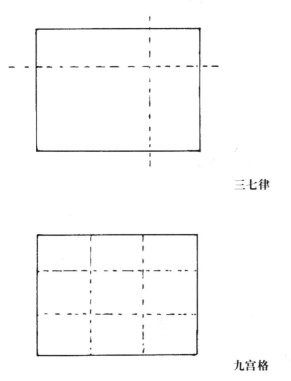

三七律

九宫格

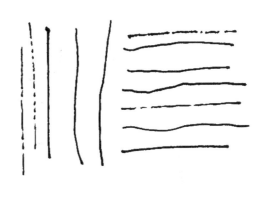

虚实线处理

3. 造型

　　速写中的造型，相对来说是比较自由的。一般造型是随线条的变化而自然表现出来的，这里的线条带有画者的个性，随自我喜好而展开。所以，画建筑为主的速写，要以主观为先导，再在符合自己审美趣味的情况下画看到的物体，线条可以随对象的质感而设定。比如现代建筑用直线的较多，而画古建筑用流水似的随意线就比较合适，当然这两种方法一定要随机应变，绝不能画成效果图的样式。在效果图中，每一根线条都要符合真实建筑的要求，横平竖直，绝对标准，不能有半点自由发挥的痕迹。而在建筑速写中，笔下的造型都可作艺术处理，可以有些调整和变化，但一定要符合透视原理。树的造型相对就更自由些，高低胖瘦以及表现方法都可以随建筑样式而安排。

写意法

4. 透视

　　透视是一种科学的方法，通过透视可以让画面呈现进深感，科学地将所有物体按照视觉规律摆放，有规则地处理成"近大远小"的效果，使画面上的物体不会东倒西歪。透视方法存在很多教条，但绝不可将其复杂化。

　　透视一般分为两种，一种是平行透视，一种是成角透视，而在风景速写中运用的透视相对更简单些。根据人的高低，视线一般处于画面的中间上下。平行

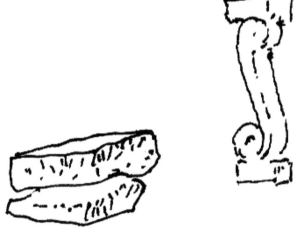

写实法

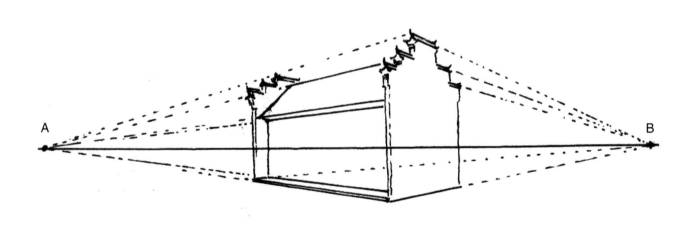

透视法

透视的一个视点在画内的视平线上，成角透视的两个视点分别落在画外视平线的两端。只需很好地理解这一简单的道理，就可以基本解决画内物体的摆放问题。不论是大建筑的多变结构，还是细小部分的精细刻画，都必须时时按照透视规律，头脑中一定要特别注意在视点引申中的"近大远小"。

5. 黑白灰的关系

在速写中，线条的运用是关键，所有的物体都可以在线条的表现中呈现出来。单线条的作用主要是造型，可以是很笔挺的直线，也可以是弯曲不直的线，视物体的质感而定，每一条线都可以表现不同的性格。独立的线条除了要很好地把对象画出来，更要赋予其一定的内涵。根据线条与线条之间距离不同的组合，就可以呈现不同浓淡的块面：疏朗的线条组合可以产生灰面的效果，密集的线条组合可以产生黑块面，组合多种不同线条的方向可以产生无穷的肌理变化，灵活地运用黑、白、灰关系进行的对比，将会产生意想不到的视觉效果。比如老建筑中，山墙前浓密的树叶和山墙后疏朗的瓦片，组成黑、白、灰的绝妙组合。树叶的蜷曲线和瓦片均等的线，产生肌理遮光的闪烁，是很有韵味的效果。在每一次作画以前要尽量考虑这种效果的巧妙搭配。黑、白、灰要在整幅画面上有意识地安排，在一幅速写中，大面积的暗部只能有一两处，灰色的组合块面可以配合着暗部有虚有实地展开，画好后要运用灰面块进行调整，直至画面整体不显散。

6. 树木

树在速写中是真实和意象同步呈现，一般分两步。第一步是画树枝，以真实描写为主。在画的过程中，要时刻考虑到概括和提炼线条，长短、粗细、快慢结合，很好地将树枝的体积感画出来，使每一根树枝都有其独特的外貌造型，有高矮、胖瘦等之分。第二步是画树叶，画树叶的方法一般有中西之分。在中国画中，画树叶是以树叶的局部纵横叠加而成的，在虚实的搭配中完成整棵树的造型。这种画法是按照树叶的种类不同而有所区别的，其外形是看画者的喜好而定的，主观因素占主导地位，是以写意为主。西画中的画树方法，则是以画外形轮廓为主，通过明暗对比展现树的特征，以点、面组成造型，这种速写方法是以写实为主。如果将这两种方法综合起来运用，扬长避短，能产生意想不到的好效果。还有一种是将所有的树叶缩小为专门的符号，运用这样的符号，在主观的虚实设定中进行自由的组合，便可画出千变万化、造型各异的树木。建筑速写中的树是关键的一个环节，成功地画好树，能使建筑物华而生辉，画面更具魅力。

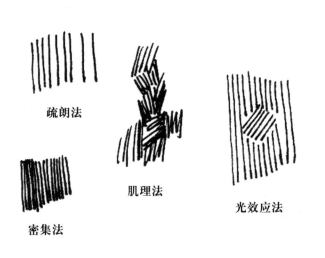

疏朗法

肌理法

光效应法

密集法

黑、白、灰关系处理

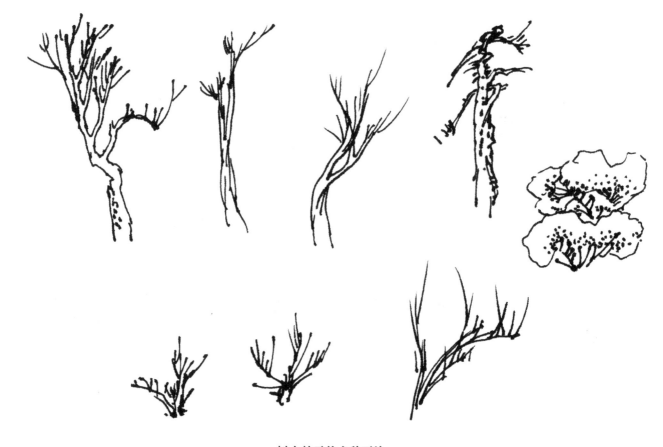

树木枝干的多种画法

树木光影虚实法 树木局部叠加法 树木符号组合法

7. 局部

在正式进入速写之前，先要练习局部的速写方法。有了巧妙的表现手段，遇上任何问题都可以迎刃而解。

首先是练习画长线条的柱子、墙体和门窗等，把握长线条的所有画法，能熟练地将大物体画准确，画出味道来，直到手能完全控制笔的运行为止。有了长线条的基本功，就要学习点、线、面的组合了。如石板路中的多种不同的方形面和点、弹格路的圆形面和点的处理方法。接下来是练习弧形曲线，先要很细心地练习画老式瓦片，要求将单块瓦片的弧形和整条、整片瓦片的虚实很好地表现出来，能准确把握瓦片所组成的灰面以及整个屋顶的造型。然后练习画由多种不同形状的石头所构成的墙面，包括地上的石子路，这类画最关键的是要会组成"近大远小"和"虚实对

建筑的局部画法

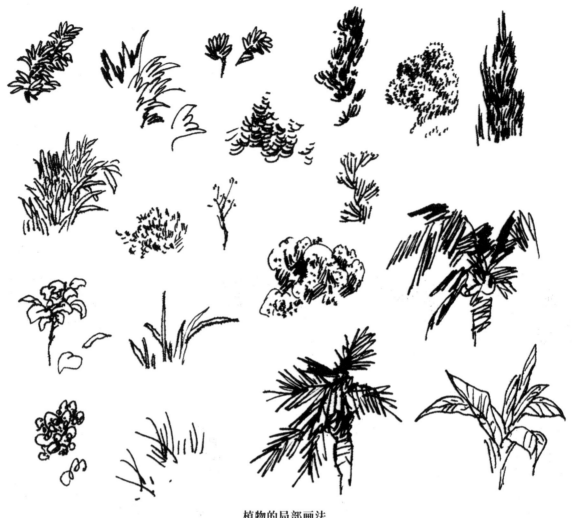

植物的局部画法

比"。最后是综合练习，将学会的多种线条整合运用，先仔细观察和研究古民居的山墙、翘檐和圆瓦，经反复练习，熟悉这类造型的结构，特别是在透视中变化，做到心中有数。

在建筑速写中，植物的添加和穿插起着与建筑相映成趣的重要作用。大自然中的植物，千奇百怪，种类繁多，要真实地画下来是没必要的，也是不可能的，所以在速写中画植物，首先要学会取舍和概括。首先将主要几种植物的造型很仔细地画下来，要求巧妙地运用简单的线条画出植物的体积感，其实这也是练线条的好方法。在画植物过程中如何组合小叶子是关键。一般是根据植物后面的衬托而设定叶子的画法，如果后面是白墙，叶子可以画成密集型的，用叠加而成的方法，将小叶子组成多种造型，也可以是很多点组合而成，还可以是用符号组合而成。如果植物后面是浓密的建筑物，叶子就得画那种疏松型的，如宽叶类的

芭蕉树、棕榈树等，总之是要制造出一种疏密对比的效果。如果是成片的植物林，作画时就要考虑虚实和疏密的关系了，通过不同的绘画手法表现多种不同的叶类。最后要练习一些其他不同种类的小植物，将这种画法默记在心，这是一种点缀方法，随时随地可以用在建筑物的中间，画面在这种小植物的穿插中会变得更生动、更完美。

钢笔画对线条的要求很高，接近中国画的用线方法，讲究抑扬顿挫，追求线条的表现力。由于这种画一般不能更改，即所谓落笔无悔，所以在下笔以前一定要考虑成熟，做到胸有成竹，每一笔要在注意造型和透视的同时，还得注意线条自身的韵味和整合后的黑、白、灰对比的效果。这个过程对初学者来说是有一定的难度的，然而正是这个难度，才能让人快速领悟速写的真谛。

二、民居建筑速写步骤与构图方法

1. 民居风景速写步骤

这幅作品的关键点在老房子高挑的翘檐、纵横的山墙、灰色的瓦片、有肌理的白墙等。钢笔风景速写一般分这样几步,先要设定一个构图,虚拟一根水平线,把最使你激动的物体定位画好,然后延伸发展,组成一个体块;接着从大结构画到细小的局部;最后调节整幅画疏密、虚实和远近的关系。

1 呼应连主次

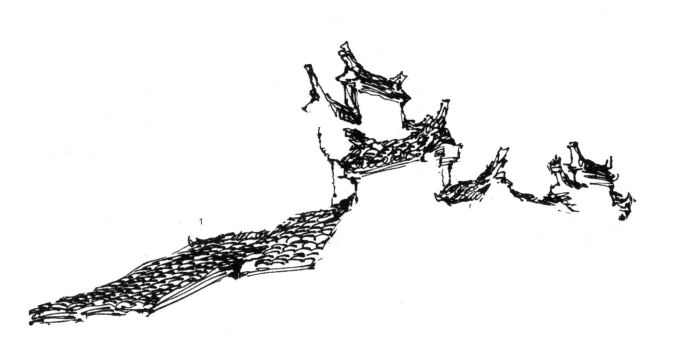

2 定型屋顶面

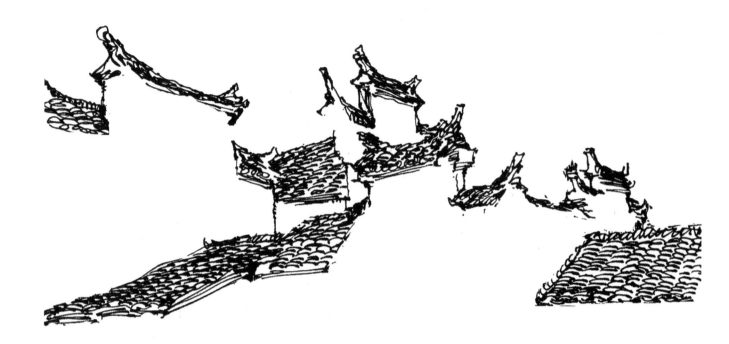

3 主顶稳大势

4 初定房屋型

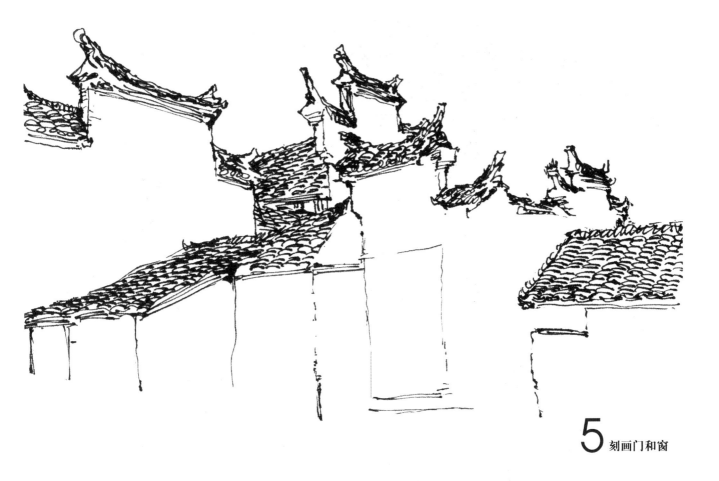

5 刻画门和窗

6 刻画小结构

完成图

2. 民居建筑速写构图方法

①此张实景照片的构图严重不稳，明显左边过重。速写时首先要考虑的是在右边加一个相应的建筑物用以平衡构图。同时左下方还要有意减轻分量，将结实厚重的石砖进行虚化处理。为突出石桥，有意画实石桥旁边密集的小石块，特别在石桥下的用笔，以实衬虚，疏密的对比，这样很好地展现了石桥的临空感。

② 照片实景构图尚可，但由于主要建筑物过于新，其墙面没有可以表现的地方。所以要改变照片中的雪景，还原瓦片和路面的肌理纹样，将右边的栅栏夸大处理，使画面在灰色对比中更趋活泼。

③ 照片实景构图尚可，如果全部照实画出来，却未必好看，这里要求进行虚实处理。为充分展现左边建筑的美，有意将右边的大围墙虚化，同时将围墙的直线改为略带弧度的曲线，一张一弛，更好地衬托出其他建筑的直线美。

④ 根据照片实景，构图过于均等，速写中要有意进行变化。在这幅速写中，左边的建筑有意多用直线，而右边的建筑多用了横线，这样可以在均衡中求得变化。右上角的树要很好地利用，它可以将直挺挺的建筑变得灵动而活泼。

三、民居建筑速写范画

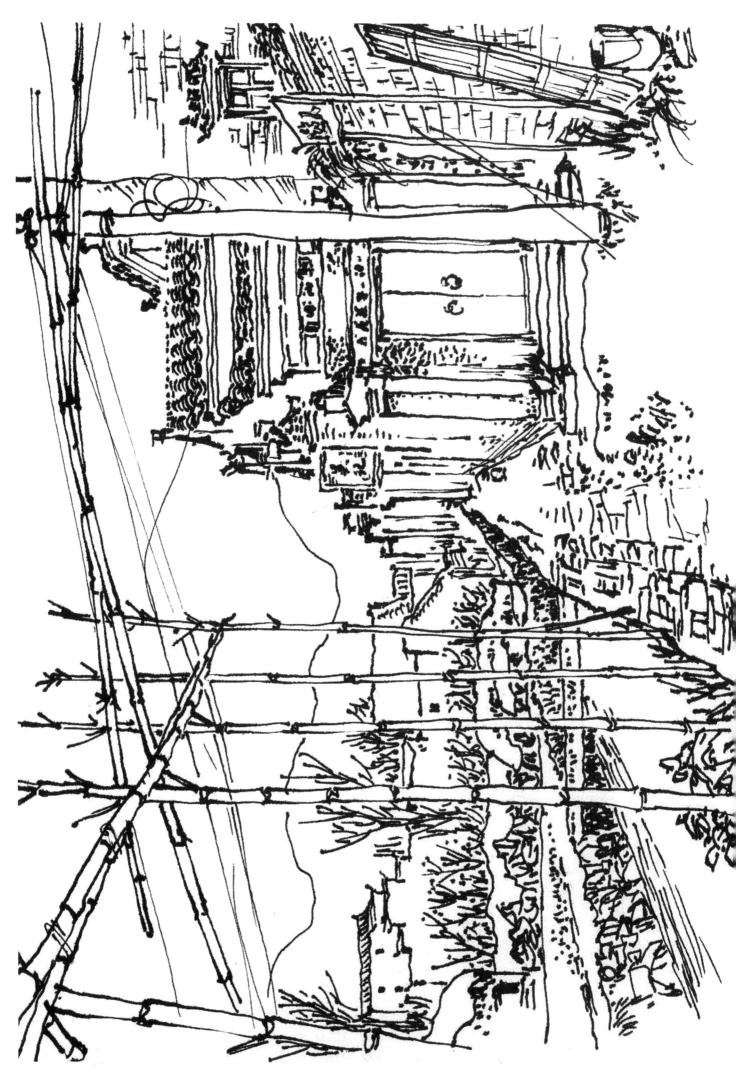

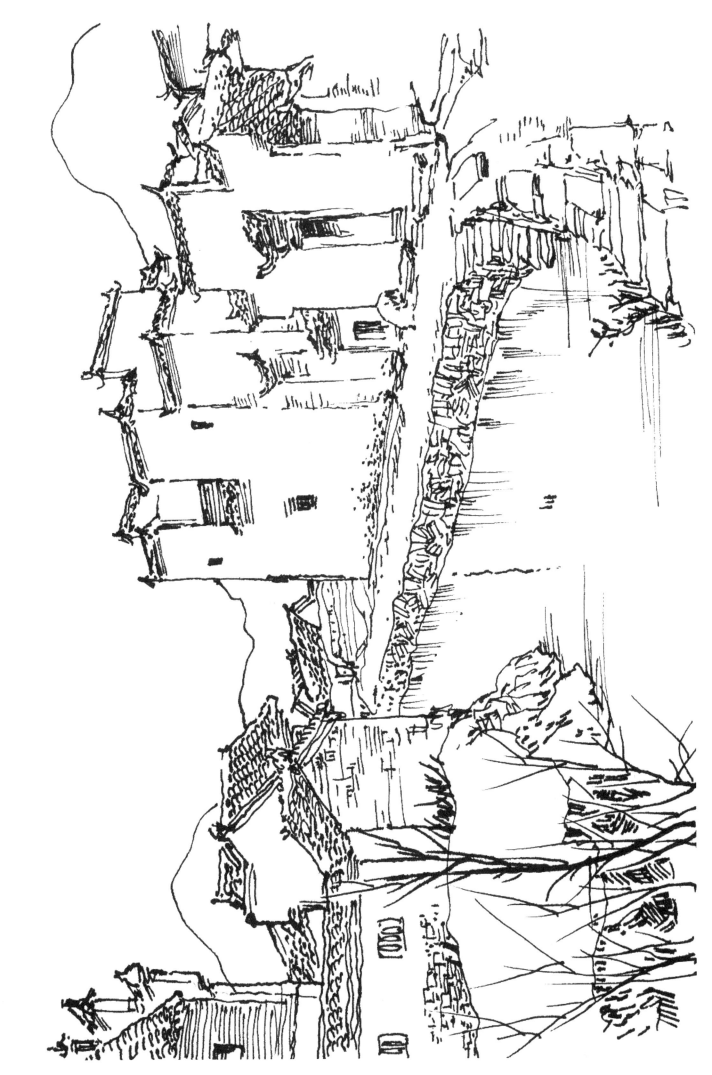

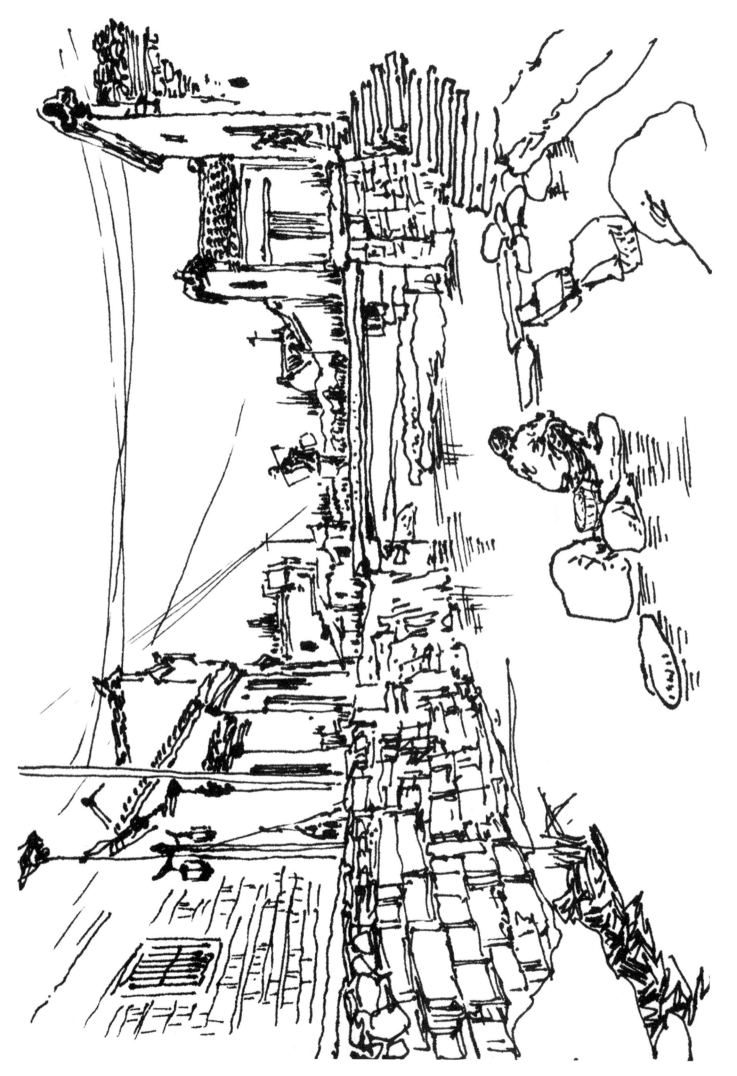

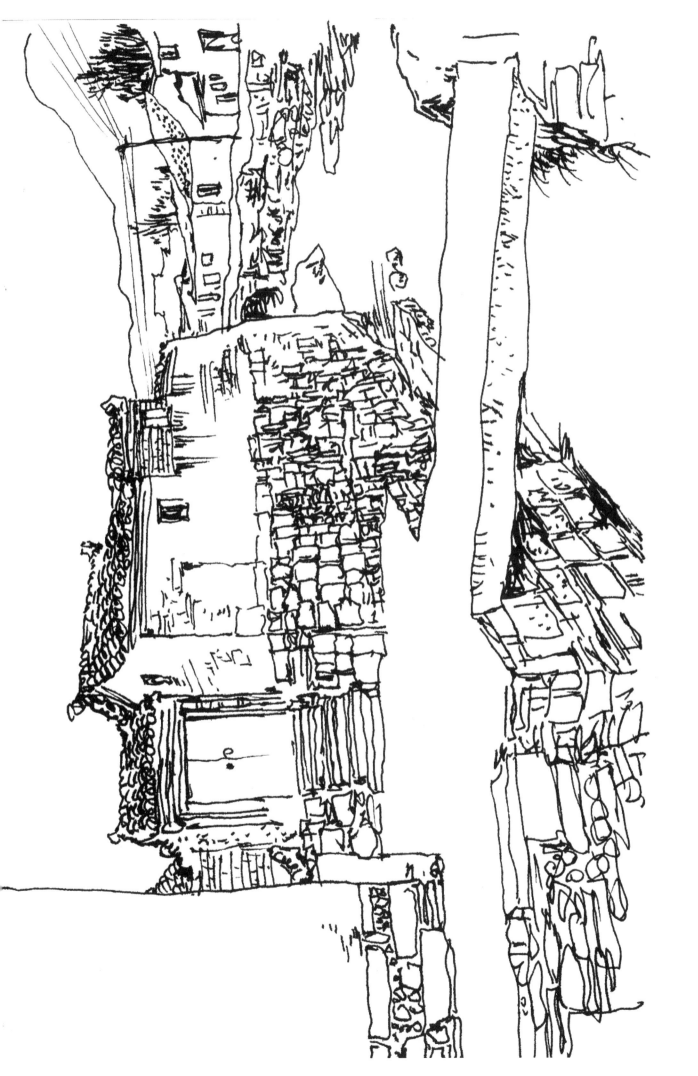

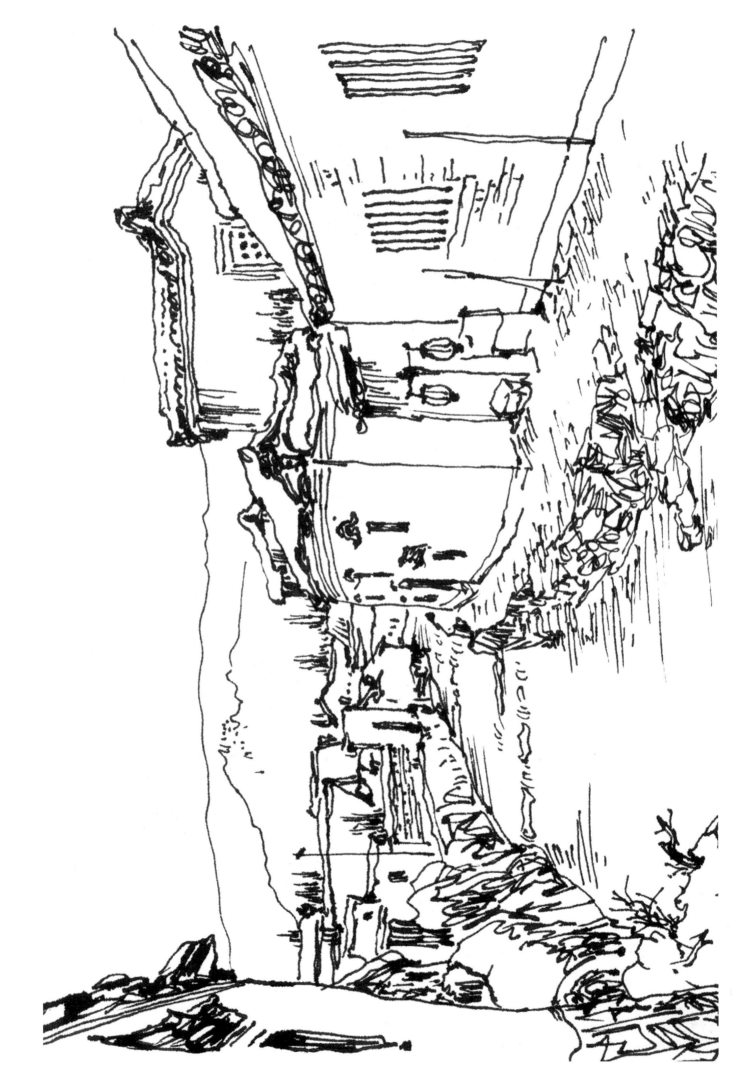

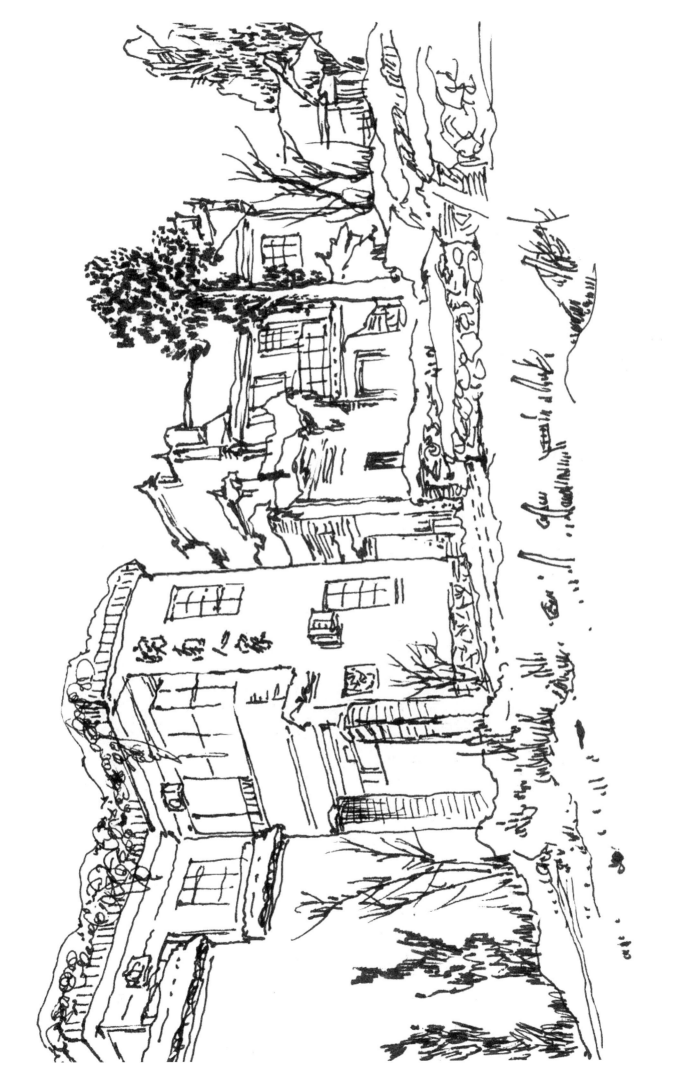

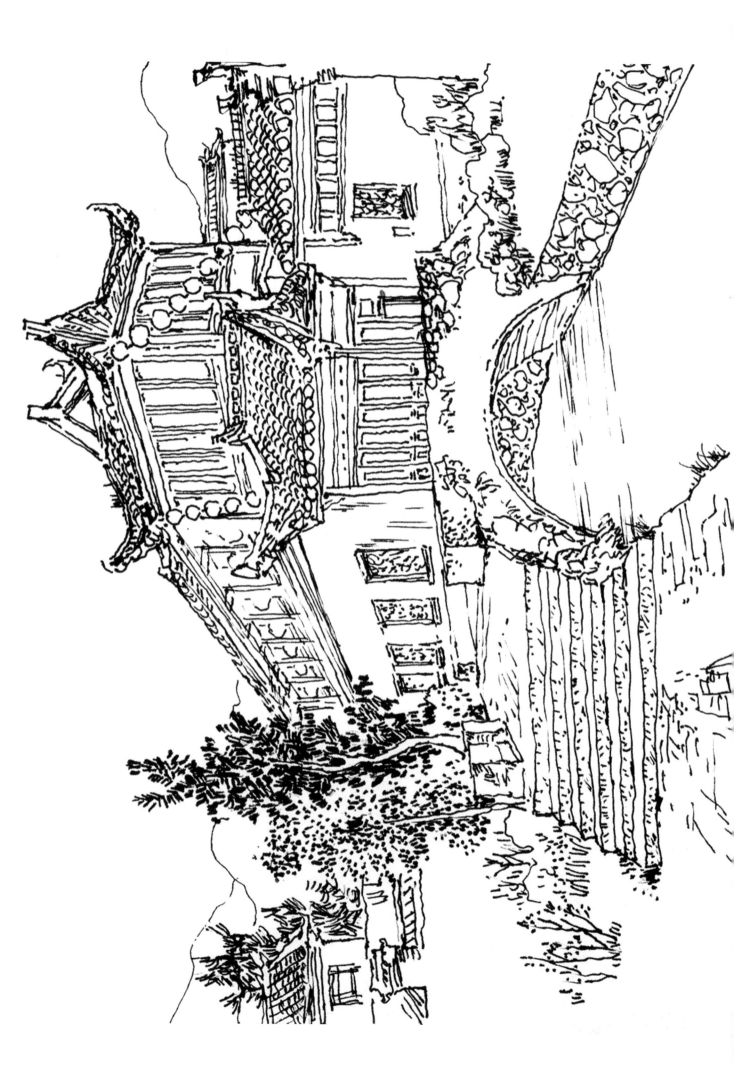

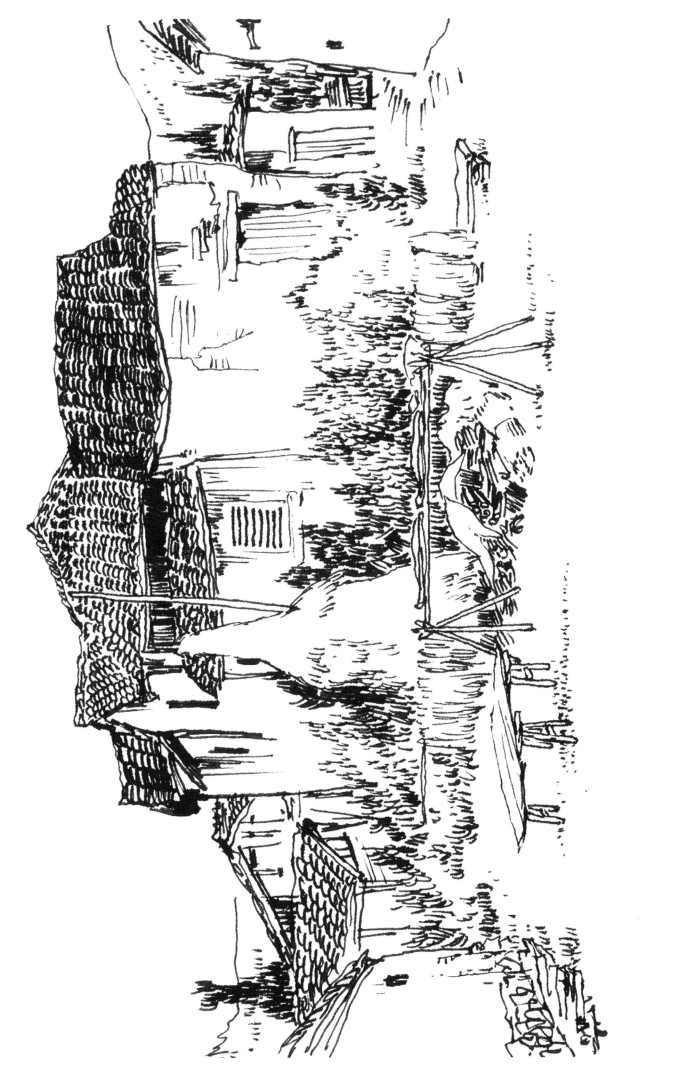

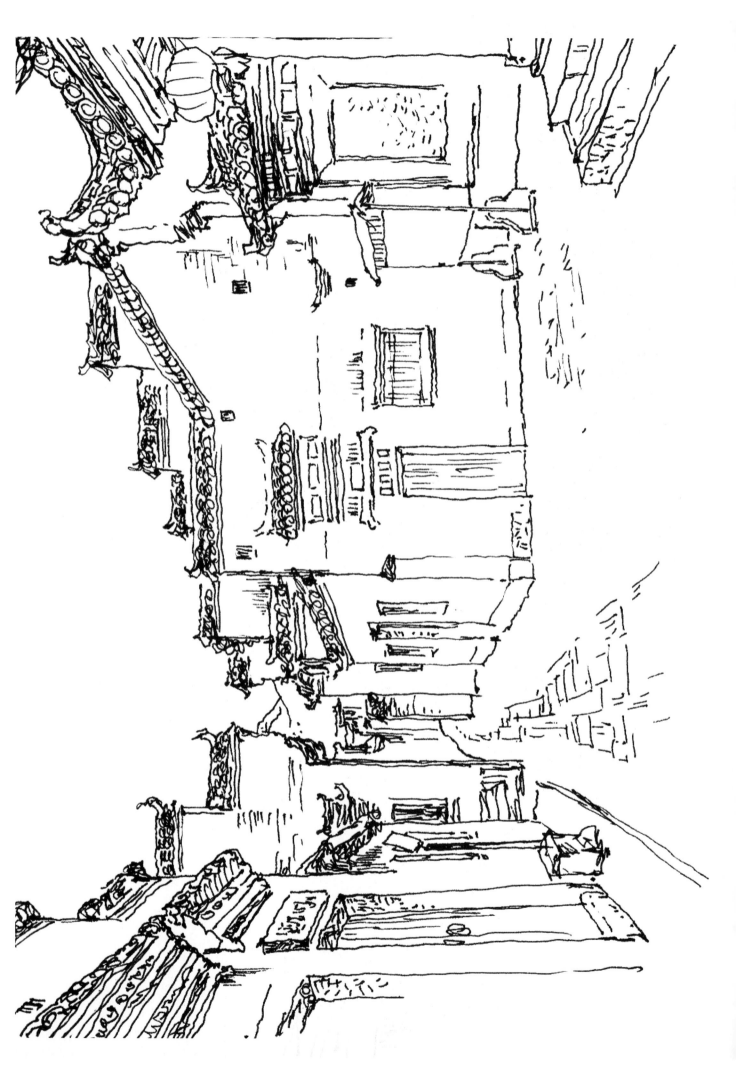

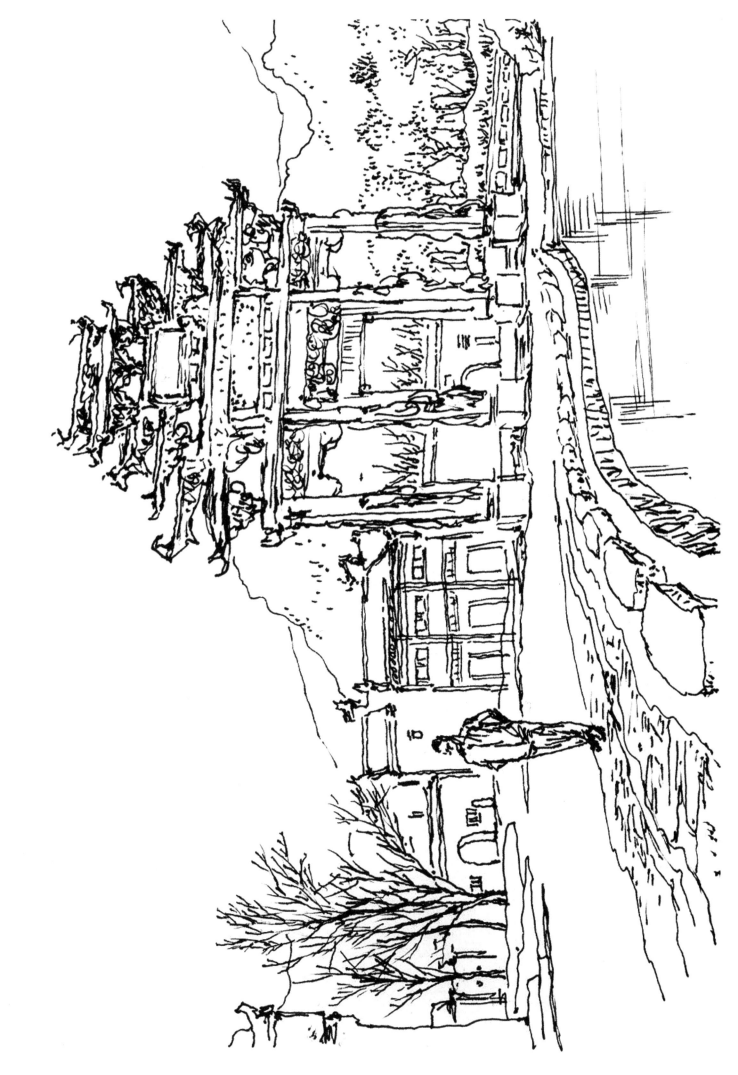

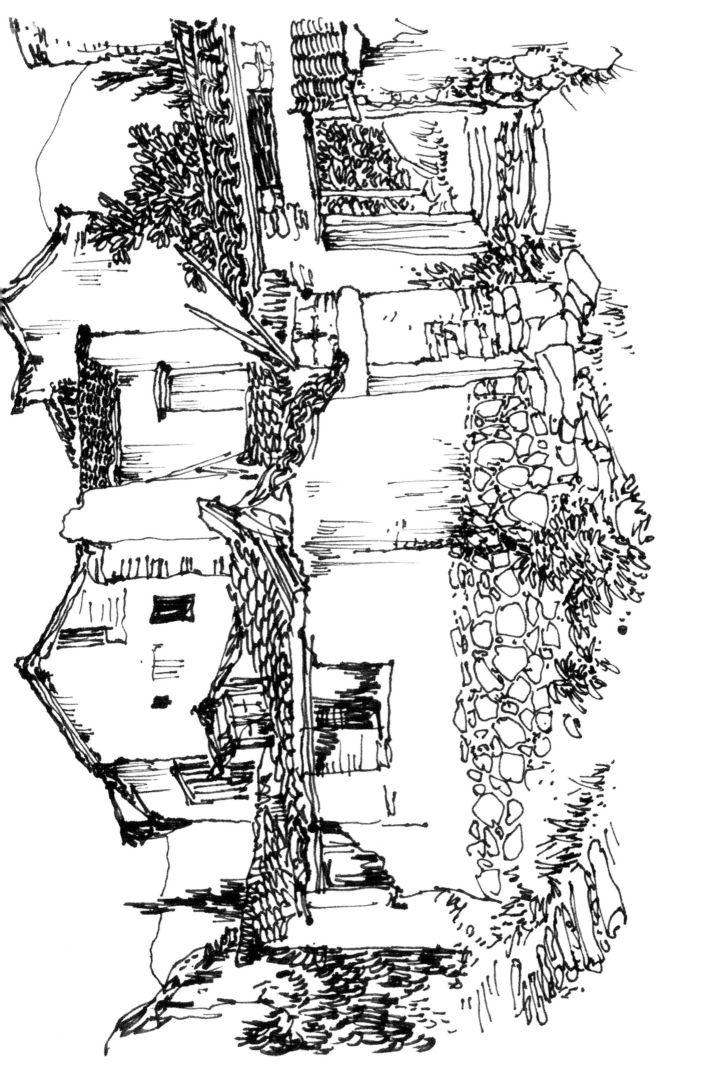